早稲田社会学ブックレット
[社会調査のリテラシー　5]

池周一郎

社会の「隠れた構造」を発見する
——データ解析入門

学文社

はじめに

このテキストは社会調査士のE科目のテキスト用に書いたつもりである．E科目は「多変量解析」を対象とした科目であり，認定機構のガイドラインでは，重回帰分析を基本として「分散分析，パス解析，ログリニア分析，因子分析，数量化理論」等から若干のものを取り上げて講義することになっている．

この種の科目の講義の仕方として，多変量解析を重回帰分析から共分散構造分析まで一通り，統計ソフトを操作して出力の読み方をさらうという方法があり得るだろう．統計ソフトの操作法と出力の読み方を教えるという方法だと，実際そのくらい教えなければ，年半期15回近くの授業の間がもたない．

本書はそのようなスタイルをとってはいない．出力結果の解釈の仕方を覚えるという方法は，なによりも弊害が大きい．そして理解のない暗記は学生の身につかない．実際，学生はよく忘れる．それは理解のない暗記だからであろう．どうせ忘れられるなら，忘れない一部の者には本格的に教えるべきである．本書は，初級レベルの統計学を卒業して，中級レベルへと進むことを想定して執筆した．これまであまり説明されてこなかったこと——「分散分析がなぜF分布の問題となるのか」「回帰係数がt分布にしたがうと考えられるのは，どういうことなのか」という問題などを丁寧に説明したつもりである．種々の統計量がどのように計算されているかを知ることは，実は統計的検定が標本数に依存したものであることを認識することでもある．有意性検定の結果が標本数に依存することを理解させることには，特に留意したつもりである．有意検定の結果のみにこだわる解釈は，統計分析の墓場である．

本書は，分散分析と回帰分析を，その考え方と計算方法を念入りに解

説したつもりである．分散分析と回帰分析は平方和の分解という思想では同じものだからである．この思想は共分散構造分析へと発展する．

　進展度としては，第1章を1コマ目に，第2章を3コマ，第3章を2コマ，第4章を3コマ，第5章を3コマ，第6章を2コマの計14コマを予定した．教員は式の展開を細かく追いながら，講義してもらいたい．一部に偏微分の知識や線形代数の知識が要求される箇所があるが，受講生のレベルに応じて解説してもらいたい．そうしたら15回近くのコマが必要なはずである．

　社会科学における多変量解析の使用は，日々高度化しますます盛んになっている．それにもかかわらず，多くのユーザは多変量解析への基礎的な理解を欠いたままである．出力結果のお告げを恭しく受け取るのではなく，その論理的限界を知る知性でなければならない．論理的な理解は，どのような場面においても必ずや学生諸君の真の力となるであろう．

　2008年2月

著　者

目　次

第1章　復習—2つの平均値の差の検定　　　5
- 1.1　z 検定—大標本法 ・・・・・・・・・・・・・・・　5
- 1.2　t 検定—小標本 ・・・・・・・・・・・・・・・・　7

第2章　分散分析—バランスド・データ　　　11
- 2.1　1元分類分散分析—水準がひとつの場合 ・・・・・・　12
- 2.2　平方和の分解結果と F 分布 ・・・・・・・・・・・　15
- 2.3　2元分類分散分析 ・・・・・・・・・・・・・・・・　17
- 2.4　交互作用効果項の導入 ・・・・・・・・・・・・・・　19

第3章　分散分析—アンバランスド・データ　　　25
- 3.1　1元分類分散分析 ・・・・・・・・・・・・・・・・　25
- 3.2　2元分類分散分析 ・・・・・・・・・・・・・・・・　27
- 3.3　多重比較 ・・・・・・・・・・・・・・・・・・・・　31

第4章　単回帰分析 (Regression Analysis)　　　33
- 4.1　回帰の基本モデル ・・・・・・・・・・・・・・・・　33
- 4.2　最小2乗法—OLS—による回帰係数の推定 ・・・・・　35
- 4.3　分散分析—総平方和 = 回帰平方和 + 残差平方和 ・・・　39
- 4.4　回帰係数 $\hat{\beta}_1$ などの検定 ・・・・・・・・・・・・・　41

第5章　重回帰分析 (Multiple Regression Analysis)　　　45
- 5.1　OLS—最小2乗推定 ・・・・・・・・・・・・・・・　45
- 5.2　平方和の分解 ・・・・・・・・・・・・・・・・・・　49
- 5.3　偏回帰係数 $\hat{\beta}_j$ などの検定 ・・・・・・・・・・・・　50

第6章　重回帰分析結果の評価　53

6.1　回帰モデルの選択 ・・・・・・・・・・・・・・・・・・・・・・　55

おわりに　59

参考文献　60

第1章 復習—2つの平均値の差の検定

分散分析について学習する前に，2つの平均値の差の検定について復習しておこう．いま，学歴による所得格差があるかないかを，調査した標本の2つの平均値の差を比較することから考えることにする．どのようにその差を比較すればよいのだろうか．大卒以上とそれ以外の学歴という二群の年収を比較することを考えよう．

1.1 z 検定—大標本法

大標本なら以下の正規分布の加法性の定理を用いて推論できる．

Theorem 1.1.1 (正規分布の加法性) x_1, x_2 がそれぞれ独立に平

表1 大卒とその他の学歴の年収 (万円)

大卒			その他の学歴		
633	742	577	603	317	592
305	520	359	627	673	581
622	1102	606	683	532	472
864	609	718	471	653	495
511	521	695	663	477	651
624	638	278	586	533	640
801	1081	785	742	621	661
583	728	497	631	612	585
430	440	414	622	436	721

均 μ_1, μ_2 標準偏差 σ_1, σ_2 の正規分布にしたがうとき，変数 $x_1 - x_2$ は平均 $\mu_1 - \mu_2$, 標準偏差

$$\sigma_{\overline{x}_1 - \overline{x}_2} = \sqrt{\sigma_{\overline{x}_1}{}^2 + \sigma_{\overline{x}_2}{}^2} = \sqrt{\frac{\sigma_1{}^2}{n_1} + \frac{\sigma_2{}^2}{n_2}} \tag{1.1}$$

の正規分布に従う．

n_1, n_2 はサンプルの大きさである．また，以下の点について注意すべきである．

- 2つの母集団の分布がいずれも正規分布であること．——しかし，25(30) $< n_1, n_2$ ならば，母集団の分布が正規分布ではなくとも中心極限定理より，$\overline{x}_1 - \overline{x}_2$ は正規分布に従うものと考えてよい．
- x_1 と x_2 は，独立な変数でなければならないこと．たとえば，ある人の体重と身長を x_1 と x_2 にして上記の定理を適用してはいけない．

上記の定理から，標本分散を母分数の推定値とすれば，

$$z = \frac{\overline{x}_1 - \overline{x}_2}{\sqrt{\dfrac{s_1^2}{n_1} + \dfrac{s_2^2}{n_2}}} \tag{1.2}$$

の大きさを以って推定できる．

練習問題 1-1

5頁の表1のデータを表計算ソフトに入力して，それから統計ソフト (SPSS等) にインポートしなさい．

大卒者とそれ以外の学歴を識別する変数をつくりなさい．その後に，大卒の平均年収とそれ以外の学歴の者との平均年収に差があるといえるかを検討しなさい (解答は9頁に)．

練習問題 1-2

大卒者とその他の学歴の年収が表1にしたがうときに，某大学の卒業者名簿から無作為抽出した標本876名の平均年収は595.0万円であった．某大学の卒業者年収は大卒者の年収として相応しいものだろうか(解答は9頁に)．

1.2　t 検定—小標本

社会調査の場合，標本数が大きいことがほとんどなのでたいていの場合，大標本法を用いてよいのであるが，多くの統計ソフトウェアは，そのように使うのが不便で，2つの平均値の差の検定に関しては t 検定を使うように作られている．

仮説 $H_0: \mu_1 = \mu_2$ が真のとき，かつ $\sigma_1 = \sigma_2$ という母数の等分散性が仮定できるなら，変数

$$t = \frac{\overline{x}_1 - \overline{x}_2 - (\mu_1 - \mu_2)}{\sqrt{(n_1-1)s_1{}^2 + (n_2-1)s_2{}^2}} \sqrt{\frac{n_1 n_2 (n_1 + n_2 - 2)}{n_1 + n_2}} \quad (1.3)$$

は自由度 $\nu = n_1 + n_2 - 2$ のステューデントの t 分布にしたがう．この t 分布を用いて，2つの平均値の差の検定を行うのが通常の手続きである．一見似ていない式 (1.2) と式 (1.3) であるが，$n_1, n_2 \to \infty$ で式 (1.3) は式 (1.2) へと一致する．計算される大標本法は近似であり，それゆえ式 (1.3) を使うことが一般的である．しかし，学歴による年収の比較の問題において2群の分散が等しいというのは明らかに考えがたい仮定である．自由度が120の $t_{.025} = 1.980$ であり，慣習的な $z_{.025} = 1.96$ との差は小さい．それゆえ筆者はどちらも似たようなものであると考える．むしろ等分散を仮定しなくてよいのだから，大標本法の方が気楽である．

社会調査の統計分析においては，実際の局面では，このようにみたすべき仮定がみたされていないことをユーザは早晩発見することになるであろう．それゆえ，私たちはユーザとして検定結果を機械的に解釈することなく，慎重かつ柔軟かつ経験的に結果を解釈する心構えを失ってはならないのである．

1.2.1 検定結果は標本数に依存する

さて，検定結果は $H_0 : \mu_1 - \mu_2 = 0$ を棄却し，有意水準 $\alpha = .05$ で大卒以上の学歴とそうでないグループとの年収の差があるという対立仮説を採択することになった．これは正しい判断であろうか．統計的な判断を下すときには常に標本数 n の大きさを頭のどこかで考えていなければならない．式 (1.3) にしても，n_1, n_2 が大きくなれば，t は大きくなる．つまり，微妙な $\bar{x}_1 - \bar{x}_2$ の差も **significant** な差として感知してしまうのである．必要な標本数を設定する際に，小さな**信頼区間**を得るためには標本数を多くしなければならないことを勉強したのであるが，大標本を検定に使うことは，有意な差を得やすくすることでもある．

誰にでもわかることであるが，異なった学歴のグループを比較して平均がぴったりと一致することはあり得ない．つまり $\bar{x}_1 - \bar{x}_2$ は 0 ではあり得ない．それゆえ標本が大きくなればなるほど，t や z は，**標準誤差** $\frac{s}{\sqrt{n}}$ が小さくなるから，大きくなり有意となる．任意に標本を大きくすることが可能ならば，1% 水準でも，0.1% 水準でもどこかで必ず有意な差となるのである．平凡な推論であるが，$\bar{x}_1 - \bar{x}_2$ が社会学的に解釈して意味のある差であるかないかを判断しなくてはならない．

あらためて 2 つの平均値の比較である z, t を考え直してみよう．これらも実は 2 群の標本数 n_1, n_2 がある程度バランスがとれていることが暗黙の前提であったのである．正規分布の加法性の定理 (式 1.2) の n_1 が n_2 と比べてとても小さいと，標本数が小さくても σ_1 はそう変わ

らないはずだから (むしろ大きいはず), $\sigma_{\overline{x}_1-\overline{x}_2}$ は大きくなり, それゆえ $\overline{x}_1 - \overline{x}_2 = 0$ を棄却しにくくなるのである. t の式 (1.3) も同じ性質を有しており, 検定においてはバランスのとれた比較が重要である.

練習問題 1-3

SPSS などが備えている標本抽出機能を使用して, 5% 水準で上記結果が有意ではなくなる標本数をヒューリスティックに見出しなさい.

練習問題 1-1 への解答

正規分布の加法性の定理から,

$$z = \frac{617.9 - 588.1}{\sqrt{\dfrac{201.16}{27} + \dfrac{95.44}{27}}} \fallingdotseq 8.99 \tag{1.4}$$

よって, 大卒の平均年収とそれ以外の学歴の者との平均年収に差があるといえる. さらに, これを t 検定から判断してみなさい.

練習問題 1-2 への解答

この場合, 年収の分布が近似的に正規分布にしたがうものと考えることにしよう. 大卒者の平均年収から $H_0 : \mu = 617.9$, その他の学歴の平均年収から $H_1 : \mu = 588.1$ を立てるとしよう.

$$z_0 = \frac{595.0 - 617.9}{\dfrac{201.16}{\sqrt{876}}} = -3.369 \qquad z_1 = \frac{595.0 - 588.1}{\dfrac{95.44}{\sqrt{876}}} = 2.141 \tag{1.5}$$

某大学の卒業生の年収は, その他の学歴の平均により近いと考えるべきであり, 大卒者の平均年収からは離れ過ぎていると考えるべきであろう. よって, 某大学の卒業者年収は大卒者の年収として相応しいものとは考えられない. もっとも, その他の学歴からの平均年収からもかなり離れており, 某大学を卒業したことは無価値ではない.

この問題は，母数の μ_1, μ_2 がかなり少ない標本から推定されているので，その点に危うさがあるのだが，練習問題としてお許しいただくことにしたい．

第2章 分散分析―バランスド・データ

　分散分析は3つ以上の平均値の比較である．前章で取り扱った学歴と年収の問題を，中卒，高卒，大卒以上という3群の比較へと拡張してみたい．このように多群の比較に関連した問題を分析するための手法のひとつが，**分散分析** (Analysis of variance) と呼ばれるものである．この分散分析は略して **ANOVA** と呼ばれる．

　分散分析は，そもそも農業において肥料の効果や品種改良の妥当性を検証するために考案された実験計画と表裏一体の関係にある．実験は「**無作為化**」と「**繰り返し**」の原理の適用によって妥当性を保証しようとしている．社会調査の標本は**無作為標本**であることを前提として，統計分析がなされる (有意抽出した標本に統計分析をするのはあまり意味がない)．しかし，実験における「無作為化」と「無作為標本」とは別のものなのである．「無作為化」は比較する要因以外の要因を制御し，公正な比較となることを意図して行われる．一方，「無作為標本」は，母集団の母数の推定のために標本が等確率に選ばれることを意図しているのである．

　つまり，無作為標本は母集団の母数に関しての信頼区間を求める目的には適切であるとしても，ある要因の効果があるかないかに黒白をつけることには，あまり適していない．

　また，標本の無作為性には，回収率がせいぜいで 70% であることから，常に疑義が提示されている．さらに，多標本と反復は本質的には違

うことなので，分散分析を社会調査データに適用する際には慎重であらねばならない．

実験を計画するのであるから，比較する群は等標本数であることが要請されている．そのような分散分析をバランスド・データの分散分析と呼ぶ．社会調査においてこのようなバランスド・データは容易に得られないのであるが，モデルの理解を優先して解説する．

2.1　1元分類分散分析—水準がひとつの場合

分散分析のもっとも簡単なものは，観測値をただひとつの要因に基づいて分けてその差を検討する場合である．20頁の表5の例題データのように(今は列の学歴だけに注目し年代は無視する)，比較する群が列(列数 $c = 3$)となって行数 $n = 30$ が「繰り返し数」として整理されていると便利である．

各学歴別の平均を μ_1, μ_2, μ_3 とするならば，問題は(帰無)仮説，

$$\begin{cases} H_0 & : \mu_1 = \mu_2 = \mu_3 \\ H_1 & : \mu_1 \neq \mu_2 \neq \mu_3 \end{cases} \tag{2.1}$$

の検定の問題である．上記の仮説より，以下の平均と誤差 ε_{ij} の結合に関する線形モデルが各測定値 x_{ij} に対して想定できる．

$$\begin{cases} x_{ij} = & \mu + \varepsilon_{ij} \quad & \text{(a)} \\ x_{ij} = & \mu + \alpha_i + \varepsilon_{ij} \quad & \text{(b)} \end{cases} \tag{2.2}$$

各学歴の効果が α_i の項で表現されるとしよう(たとえば，大卒は $\alpha_1 = +100$ 万円，高卒は $\alpha_2 = -30$ 万円，中卒は $\alpha_3 = -70$ 万円などと考える)．

さて，どちらの線形モデルを選択すべきであろうか? われわれが考えつく基準はどちらがよりよくデータを説明しているかというものであろ

う.つまり (b) 式の誤差 $\acute{\varepsilon}_{ij}$ が ε_{ij} より小さくなれば,よりよい訳である.しかし,困ったことは α_i という項を導入すると必ず $\acute{\varepsilon}_{ij}$ は小さくなるのである.

同じ分散と平均に従う確率変数でも,3つに分けて別々に計算すれば確率変数ゆえに平均 $\bar{x}_1, \bar{x}_2, \bar{x}_3$ は異なる.それゆえに (b) の $\acute{\varepsilon}_{ij}$ は (a) の ε_{ij} より小さくなる.そこでこの確率変数の特性を利用して,同じ分散に従う確率変数を c 個 (例の場合 $c=3$) に分割して計算したときに,ほとんどあり得ないくらい $\acute{\varepsilon}_{ij}$ が小さくなったら,線形モデル (b) を正しいと考えようというのが分散分析の思想である.

多くの教科書には,分散分析は,母分散 σ_i^2 が等しいこと—すなわち等分散性を仮定すると書いてある.これは誤解を招きやすい表現である.多くの場合,われわれは比較するグループ別の平均に差があることを期待して分散分析を行う.つまり H_0 が偽である事前確率はかなり大きい.このような場合,グループ別の分散 σ_i^2 が異なることはむしろ自然である.であるから,対立仮説が真であるときは,等分散を仮定できないことの方がむしろ正しいこともある.

等分散性は,H_0 が真であるときに,誤差 ε_{ij} をある正規分布にしたがう独立な確率変数とみなしたことの帰結なのである.実験計画では実験計画で制御しきれない些細な要因を誤差として正規乱数と考えて,確率モデルを当てはめて,H_0 とするのである.誤差を正規確率変数とみなすことの方がより基本的である.

等分散性を仮定しなければ平方和の分解ができない訳ではない.また,データを標準化して,$\mu=0$, $\sigma^2=1^2$ にしてから平方和の分解をすれば,少なくとも等分散性は確保できる.誤差の正規性はもちろん保証されないが,非正規性も非等分散性も大標本の場合にはあまり問題のないことが知られている.

2.1.1 各項の推定値からの分解

α_i の推定値としては,$\alpha_1 = \overline{x}_1 - \overline{x}, \alpha_2 = \overline{x}_2 - \overline{x}, \alpha_3 = \overline{x}_3 - \overline{x}$ を想定する.すると,ε_{ij} は $x_{ij} - \overline{x} - (\overline{x}_{i\cdot} - \overline{x})$

さて,式 (2.2) を適切に移項してその平方の和を考える.

$$\begin{cases} \sum_i^c \sum_j^n (x_{ij} - \mu)^2 = \sum_i^c \sum_j^n \varepsilon_{ij}^2 \\ \\ \sum_i^c \sum_j^n (x_{ij} - \mu)^2 = \sum_i^c \sum_j^n \alpha_{i\cdot}^2 + 2\sum_i^c \sum_j^n \alpha_i \acute{\varepsilon}_{ij} + \sum_i^c \sum_j^n \acute{\varepsilon}_{ij}^2 \end{cases} \quad (2.3)$$

誤差の平方和 $\sum_i^c \sum_j^n \varepsilon_{ij}^2$ が,17 頁の分散分析表 (2) の合計の平方和である.分散分析は平均から分離された誤差の分解可能性の探索である.

誤差と効果の積和を考察すると,$i = 1, 2, 3$ のときそれぞれ α_i は定数である.それゆえ

$$\sum_i^c \sum_j^n \alpha_i \acute{\varepsilon}_{ij} = \sum_i^c \alpha_i \sum_j^n \acute{\varepsilon}_{\cdot j} \quad (2.4)$$

$\sum_i^c \alpha_i = 0$ より誤差と効果の積和は 0 になる.つまり,以下のように

$$\sum_i^c \sum_j^n (x_{ij} - \mu)^2 = \sum_i^c \sum_j^n \alpha_{i\cdot}^2 + \sum_i^c \sum_j^n \acute{\varepsilon}_{ij}^2 \quad (2.5)$$

総偏差平方和は効果の平方和と誤差の平方和に分解できる.17 頁の分散分析表 (表 2) で,列平均の平方和が効果の平方和である.誤差の平方和は,単純な誤差の平方和を平均に差があると仮定して分離したものである.計算する場合は,総平方和と平均の平方和を求めておけば,引き算で計算できる.

2.2 平方和の分解結果と F 分布

2.2.1 効果の平方和がしたがう確率分布

ここで,効果の平方和 $\sum_{i}^{c}\sum_{j}^{n}\alpha_{i}^{2}$ がしたがう確率分布を考えてみる.確率変数からその平均を引いて 2 乗した和だから χ^2 分布を想像できるのは感のよい人である.

χ^2 は正規分布にしたがう確率変数の 2 乗和である.そして足し合わされている独立な確率変数の数が自由度 ν であった.効果の平方和は一見すると $c \times n$ 個の和のように錯覚するが,各列はすべて同じ値なので独立な確率変数 (同じ値が仮定される限りそれらは独立な確率変数ではない) の個数は実は l 個より"ずっと少ない". α_i は $\overline{x}$ からの差であるから,$c-1$ 個が決まると最後の c 番目は自動的に決まる.それゆえ効果の平方和,

$$\sum_{i}^{c}\sum_{j}^{n}\alpha_{i\cdot}^{2} \tag{2.6}$$

は,<u>自由度 $\nu = c-1$ の χ^2 分布にしたがう</u>.これが大きいということは,確率変数として正規分布ではかなり確率密度が小さな値が出現していることを意味し,H_0 のもとでごく稀なことが起きていることを含意している.

2.2.2 誤差の平方和がしたがう確率分布

誤差の (偏差) 平方和も各誤差が正規分布にしたがうと仮定しているのだから,χ^2 分布にしたがう.分解前の誤差の総平方和 $\sum_{i}^{c}\sum_{j}^{n}\varepsilon_{ij}^{2}$ は,平均 $\overline{x}$ を用いて各誤差を推定している分だけ,確率変数としてカウントできる分が減り,$\nu = c \times n - 1$ が平方和を分解する前の誤差の分布の自由度である.

各列ごとの効果と誤差という 2 つの平方和に分解した場合の誤差

$\sum_{i}^{c}\sum_{j}^{n}\hat{\varepsilon}_{ij}^{2}$ の自由度はどうなるであろうか．いろいろな制約を加えて 2 つの平方和に分解したのだから，確率変数の数は減っていると予想できる．各 i 列の誤差は $x_{\cdot j} - \bar{x}_{i\cdot}$ で計算されるから，各列 $n-1$ 個の確率変数しかない．それが c 個あるから，結局，分解後の誤差の平方和は $c(n-1)$ の自由度の χ^2 にしたがう．これら 3 つの自由度は $cn-1 = c-1+c(n-1)$ という関係にあることを確認していただきたい．

2.2.3 2 つの χ^2 分布を比較する

分解後の効果の平方和が誤差の平方和より大きくなれば，式 (2.2) の (b) 式の方がより正しく感じられる．では，どの程度大きければ，大きいと判断すべきであろうか．

χ^2 は自由度が大きくなると大きな値が出現しやすい．つまり，比較する平均値 c が多くなれば，効果の平方和は大きくなる傾向がある．一方，繰り返し n が多くなれば，誤差の自由度も大きくなり誤差の平方和も大きくなる傾向がある．互いに異なる自由度の χ^2 を比較するのには，それぞれ自由度で割ってから，比として比較することになっている．多くの場合 H_0 のもとでは誤差の平方和の方が大きいのであるから，分母が誤差の平方和/自由度 (ν_1) で，分子は効果の平方和/自由度 (ν_2) である．このように定義される値が **F 比，値 (Ratio, Value)** である．

$$F = \frac{\frac{\chi^2_1}{\nu_1}}{\frac{\chi^2_2}{\nu_2}} \tag{2.7}$$

効果の平方和が偶然誤差の影響以上に明らかに大きければ，F は顕著に大きくなる． この F の出方は，たいていの統計学の教科書の後ろには，分母と分子の自由度から指定される数表として付属している．

ところで平方和 χ^2 を自由度で割った値とは，そもそもなんであろう

か．それは ν_1, ν_2 個の正規分布にしたがう確率変数の分散なのである．この分散比が ν_1, ν_2 の組合せにおいて，小さな確率でしか出現しないほどに十分に大きければ，効果の平方和は十分に大きいと考えるのである．つまり分散分析 (ANOVA) とは分散の大きさの比較分析なのである．

2.2.4 分散分析表

これまでの手順は分散分析表に要領よくまとめることができる．例題データの分析結果を以下に示す．この場合は，H_0 のもとでは滅多に現れないほど大きな F であると判断できる．$F = 130.593$ は十分すぎるほどに大きく，それゆえ学歴の効果はありと判断できる．

表2　1元分類分散分析表

変動因	平方和	自由度	平均平方	F	有意確率
列平均	963695.3	2	481847.64	130.593	.000
誤差	321003.2	87	3689.69		
合計	1284698.5	89			

2.3　2元分類分散分析

2元分類分散分析は，線形モデルにもうひとつの効果を追加したものである．

$$x_{ij} = \mu + \alpha_i + \beta_j + \varepsilon_{ij} \tag{2.8}$$

学歴による所得格差だけではなく，年齢による所得差も加味して分析する場合などが具体的な例である．ここでは説明のために「繰り返し」をなくして20代，30代，40代，50代以上が各1名ずつ副次抽出されたデータを考えよう．この場合，列数 $c = 3$，行数 $r = 4$，繰り返しはない．

表3 学歴と年齢による所得

		学	歴	
		大卒以上	高 卒	中 卒
年代	20代	644	463	348
	30代	655	485	489
	40代	625	340	331
	50代以上	786	487	379

2元分類に関しては,具体的に式を追うのは省略して,以下の平方和への分解可能性を認めることにしよう.

$$\sum_i^c \sum_j^r (x_{ij} - \overline{x})^2 = \sum_i^c \sum_j^r \alpha_{i\cdot}^2 + \sum_i^c \sum_j^r \beta_{\cdot j}^2 + \sum_i^c \sum_j^r \varepsilon_{ij}^2 \quad (2.9)$$

各項の具体的な推定値は,

$$\begin{cases} \alpha_{i\cdot} &= x_{i\cdot} - \overline{x} \\ \beta_{\cdot j} &= x_{\cdot j} - \overline{x} \\ \varepsilon_{ij} &= x_{ij} - \overline{x} - \alpha_{i\cdot} - \beta_{\cdot j} = x_{ij} + \overline{x} - x_{i\cdot} - x_{\cdot j} \end{cases} \quad (2.10)$$

である.各平方和は平均からの差の2乗和であるから,やはりそれぞれ χ^2 分布にしたがう.自由度はそれぞれ

$$\begin{cases} \nu_1 &= c - 1 \\ \nu_2 &= r - 1 \\ \nu_3 &= (c-1)(r-1) \end{cases} \quad (2.11)$$

ここでも,$n - 1 = cr - 1 = c - 1 + r - 1 + (c-1)(r-1)$ という関係が成立していることに注意されたい.それぞれ χ^2 分布にしたがうことから1元分類と同様に誤差の χ^2 分布との比較を F 分布を利用して行う.

2.3.1 分散分析表

そしてこの手順は 1 元分類と同様に分散分析表に要領よくまとめることができる. 学歴の効果は認められるが, 年齢の効果は一般的な有意水準では認められない.

表4　2元分類分散分析表

変動因	平方和	自由度	平均平方	F	有意確率
列平均	189898.2	2	94949.08	31.167	.000677
行平均	27710.0	3	9236.67	3.032	.115
誤差	18278.5	6	3046.42		
合計	235886.7	11			

2.4　交互作用効果項の導入

ところで, 表 3 の 2 元分類のデータは標本数が少なすぎるのではないかと感じた方もおられるのではないだろうか. そこで各セルにつき k 倍の標本にしたとしよう ($k=6$ にしておく).

すると (偏差) 平方和は, 以下のように分解されるだろうか?

$$k\sum_i^c \sum_j^r (x_{ij} - \overline{x})^2 = k\sum_i^c \sum_j^r \alpha_{i\cdot}^2 + k\sum_i^3 \sum_j^4 \beta_{\cdot j}^2 + k\sum_i^c \sum_j^r \varepsilon_{ij}^2 \tag{2.12}$$

残念なことに, 標本を k 倍すること (つまり k 回の繰り返し) は, 均一な誤差 ε_{ij} を k 倍することにはならない. それは, 測定される x_{ijk} が独立な確率変数とみなされる場合には (無作為標本の仮定からみなさなくてはならないが), 偏差平方和の自由度 ν_3 は $crk-1$ でなくてはならないが, 単純に k 倍できるということはそれらの確率変数は独立ではなくなるから, 自由度は依然として $cr-1$ のままとなるからである.

表5 例題データ：年代別・学歴別の年収　　(万円)

年代	大卒	高卒	中卒	年代	大卒	高卒	中卒
20代	621	355	**278**	50代	681	450	**344**
	580	347	422		600	355	463
	637	376	309		631	459	395
	601	367	392		647	523	440
	622	325	279		638	442	472
	543	384	450		708	500	353
30代	686	424	**292**	60代	499	482	**457**
	644	391	228		614	526	**303**
	600	374	417		536	445	466
	642	422	372		581	436	380
	553	356	347		630	398	489
	668	510	485		696	507	435
40代	688	452	**386**				
	684	465	366				
	653	477	490				
	662	433	445				
	661	444	380				
	659	484	458				

　標本を追加することは，単に推定の精度をあげる以上に問題を複雑化することである．と同時に別の分析視点を開くことでもある．標本数が増えると偏差平方和は必ず増加する．と同時に新たな分解の可能性も開けるのである．

　例の場合，学歴と年代の組み合わせに，特別な解釈可能性がないかを吟味する必要があることに，読者諸氏は気付かれただろうか．わが国の若者の貧窮化は最近よく指摘されるが，低学歴者には特に深刻かもしれない．50代以上では高学歴者は特に恵まれていたかもしれない．このような変数の組合せ(つまりセル独自の効果)により平均値が変化することを**交互作用効果**と呼ぶ．

　ところが，このような交互作用効果は，式(2.9)のように平方和を分

解すると,本来各セルがもつ効果は単なる誤差に含まれてしまい,識別することができない.

誤差と交互作用効果を分離するためには,セル内で2つ以上の値が測定されてその平均が計算されないと,誤差と分離できない.各値から平均 $\overline{x}$ を引いても,それはあくまで誤差にすぎない.平均から平均を引かない限り,効果の推定はできないのである.平方和を何らかの効果として分解するためには,それなりの工夫が必要なのである.各セルにおいて標本数を増やすことは,交互作用という新しい効果を考慮できることを意味し,

$$\sum_i^c \sum_j^r \sum_h^k (x_{ijh} - \overline{x})^2$$
$$= \sum_i^c \sum_j^r \sum_h^k \alpha_{i..}^2 + \sum_i^c \sum_j^r \sum_h^k \beta_{.j.}^2 + \sum_i^c \sum_j^r \sum_h^k \alpha\beta_{ij.}^2$$
$$+ \sum_i^c \sum_j^r \sum_h^k \varepsilon_{ijh}^2 \qquad (2.13)$$

となる.各項の具体的な推定値は,

$$\begin{cases} \alpha_{i..} &= x_{i..} - \overline{x} \\ \beta_{.j.} &= x_{.j.} - \overline{x} \\ \alpha\beta_{ij} &= x_{ij.} - \overline{x} \\ \varepsilon_{ijk} &= x_{ijk} - \overline{x} - \alpha_{i.} - \beta_{.j} - \alpha\beta_{ij.} \\ &= x_{ijk} + 2\overline{x} - x_{i..} - x_{.j.} - x_{ij.} \end{cases} \qquad (2.14)$$

$x_{ij.}$ は,同じセル内の平均値,たとえば中卒で20代の10人の年収の平均である.各平方和は平均から差の2乗和であるから,やはりそれぞれ

χ^2 分布にしたがう.自由度はそれぞれ

$$\begin{cases} \nu_1 &= c-1 \\ \nu_2 &= r-1 \\ \nu_3 &= (c-1)(r-1) \\ \nu_4 &= cr(k-1) \end{cases} \quad (2.15)$$

ここでも,$n-1 = crk-1 = c-1+r-1+(c-1)(r-1)+cr(k-1)$ という関係が成立していることに注意されたい.それぞれ χ^2 分布にしたがうことから,1元分類と同様に自由度 $\nu_4 = cr(k-1)$ の χ^2 分布との比較を F 分布を利用して行う.バランスド・データのよい点は,このように平方和の分解がユニークであることと,自由度が加法的に決まることである.アンバランスド・データではこのようにはうまくいかない.

2.4.1 分散分析表

表6 2元分類分散分析表 (バランスド・データ)

変動因	平方和	自由度	平均平方	F	有意確率
列平均	963695.3	2	481847.6	164.432	.000
行平均	71096.5	4	17774.1	6.065	.000
交互作用	30127.8	8	3766.0	1.285	.264
誤差	219778.8	75	2930.4		
合計	1284698.5	89			

例題データの場合,学歴の効果は相変わらず認められ,年齢の効果も認められる.交互作用効果は一般的な有意水準では認められない.

もちろん,交互作用項のない分解を考えることもできる.この場合,交互作用の平方和は誤差の平方和と合体するから,誤差平方和が大きくなり,このデータの場合,行と列に関する F は若干小さくなる.注意しなければならないケースは,交互作用が大きい場合である,この場合

には交互作用がないモデルでは主効果が有意ではないが，交互作用項を導入すると主効果までも有意となる場合があるからである．

分散分析の結果の解釈について

偏差平方和は，多次元の複数の平均で必ず分解される．一般に複雑なモデルであればあるほど，分解された誤差の平方和の割合は小さくなる．分散分析は標本数と有意水準の問題を自由度で適切に調整しているとはいえ，F 分布の数表が示すように標本数が大きくなると要因の効果ありと判定しやすくなる．

分散分析は，そもそも実験の感度 (sensitivity) を高めることを目標に計画されたものである．そこには標本数を大きくすれば，推定精度が高まるという確率論的には正当な，しかし素朴な前提がある．農業実験において，事前情報として効果があることが確からしい，ある肥料の効果があるかないかを整然とした実験を計画して標本数を実験の複雑さに応じて確保して行うことは正当なのかもしれない．それに対して，社会調査は多くの場合，残念ながら十分に計画された実験ではない．多くの説明する要因 (変数) を導入すれば，必然的に誤差の平方和は縮小する．一方，標本数が大きくなれば，F の棄却限界値は小さくなる．つまり，複雑なモデルを大きな標本で扱えば，帰無仮説を棄却しやすい，つまり仮説を採択しやすい傾向を有している．つまり，標本数を節約して実験の感度を高めるという分散分析の性質があだになって，検証しようとする仮説を真とする傾向が大きいのである (これは分散分析に限らず，ほとんどすべての計量モデルの傾向なのである)．

第3章 分散分析—アンバランスド・データ

フィッシャー (Fisher, R.A.) により考案された分散分析は実験計画法なのであるから，比較対照群が等標本であることは当然であった．そうでない実験は計画としてよくないのである．数理的な整然とした美しさも計画ならではのものである．しかし，現実には社会調査においてこの前提は満たされない．そのような場合には，ANOVA ではなく，その一般的な拡張である**一般線形モデル—GLM(General Linear Model)**を用いなければならない．

一般線形モデルは，共分散分析，後述する回帰分析等も包括するまさに一般的モデルであるが，本書では分散分析との関連でしか説明しない．

3.1 1元分類分散分析

アンバランスド・データであっても，1元分類分散分析はそれほど難しくはない．平方和の分解もだいたい同じように行われる．

データ例

前章の2元分類の繰り返しのある場合のデータの表5のうちで，中卒だけはボールド・フォントのものしかデータが得られていないものとしよう．中卒は $n_1 = 6$ 標本であり，高卒，大卒は $n_2 = n_3 = 30$ 標本あると考えよう．

3.1.1 平方和の計算

バランスド・データが式 (2.5) のように整然と平方和が分解されたのと比べると，数式は少々厄介になる．

$\sum$ 記号が 2 つ続けて使えないのがうっとうしいが，

$$
\begin{aligned}
\sum_{i=1}^{n_1+n_2+n_3}(x_{ij}-\overline{x})^2 = & \sum_{j}^{n_1}(\overline{x_1}-\overline{x})^2 + \sum_{j}^{n_2}(\overline{x_2}-\overline{x})^2 + \\
& \sum_{j}^{n_3}(\overline{x_3}-\overline{x})^2 + \sum_{j}^{n_1}(x_{1j}-\overline{x_1})^2 + \\
& \sum_{j}^{n_2}(x_{2j}-\overline{x_2})^2 + \sum_{j}^{n_3}(x_{3j}-\overline{x_3})^2
\end{aligned}
\tag{3.1}
$$

と平方和が分解される．右辺第 3 項までが (学歴の) 効果の平方和である．第 4 項から第 6 項までが誤差 (残差) 平方和になる．決定的な違いは自由度にある．効果の自由度 $\nu_1 = c - 1$ は変わらない．標本数が均等でないから誤差の自由度は $c(n-1)$ とは計算できない．$n_1 - 1 + n_2 - 1 + n_3 - 1 = 43$ と標本が 24 少ない分だけ小さくなる．

表 7　GLM（タイプ I）による 1 元分類分散分析表

変動因	平方和	自由度	平均平方	F	有意確率
列平均	780411.5	2	390205.7	126.345	.000
誤差	194569.8	63	3088.4		
合計	974981.3	65			

1 元分類の場合，アンバランスド・データはバランスド・データと表面的には同じように判断できるが，実は大きな差を潜在させている．この例題の標本数では，$F_{.05}(2, 63) = 3.143 > F_{.05}(2, 87) = 3.101$ であるから，誤差が少なくなった分大きな F にならないと有意ではなくなる．分子の平方和も標本数が減った分小さくなっているが，それは自由度には反映されない．そのため有意差は検出されにくくなっているのである．マイナーな集団とメジャーな集団の平均を比較する時には配慮が必要である．

一群が極端に小さいと，その一群の標本が小さいためにその群の影響を見極めることが困難となる．GLM を機械的に適用すると，あるかもしれない差を見失う恐れがある．しかし分散分析は実験計画法であるのだから，部分的な標本の欠落に厳しい性質は，本来正当なものである．むしろ学歴による所得格差を検出するときに，母集団の構成比率に準じた標本数によって比較することに何ら根拠がないことに気付くべきである．やはり，「何を明らかにするか」という仮説の彫琢が重要なのである．

3.2 2元分類分散分析

アンバランスド・データで本当に厄介になるのは，2元分類からである．その理由は平方和の分解がユニークではなくなり，複数の流儀があり得るからである．そして自由度も変化する．バランスド・データの場合にはこのような問題は生じない．

3.2.1 タイプIの平方和

タイプIの平方和の分解のしかたは，式の順序にもとづいて逐次的分解を行うものである．まず，各データに関して平均偏差を計算し総 (偏差) 平方和を計算しておく．

$$S_T = \sum_i \sum_j \sum_h (x_{ijh} - \overline{x})^2 \tag{3.2}$$

この平均偏差から学歴の効果 α_i を引いたものを暫定的にモデルの残差 S_{e_1} と考える．

$$S_{e_1} = \sum\sum\sum (x_{ijk} - \overline{x} - \alpha_{i..})^2 = \sum_i \sum_j \sum_k \varepsilon_{ijk}^2 \tag{3.3}$$

このときのモデルの自由度は $c - 1 = 2$ である．残差の自由度は $n_1 + n_2 + n_3 - 1 - (c-1) = n_1 + n_2 + n_3 - c = 63$ である．この残差平方和を総平方和から引けば，学歴の効果の平方和 $S_T - S_{e_1} = S_\alpha$ が計算される．

次に β_j をこの残差から引く．これはつまり次の式の計算である．

$$S_{e_2} = \sum\sum\sum (x_{ijk} - \overline{x} - \alpha_{i\cdot\cdot} - \beta_{\cdot j \cdot})^2 = \sum_i^3 \sum_j^4 \sum_k^{10} \varepsilon_{ijk}^2 \quad (3.4)$$

もちろんモデルの残差 S_{e_2} はその分小さくなる．この残差平方和を総平方和から引いたもの $S_T - S_{e_2} = S_{\alpha+\beta}$ が，2つの主効果を想定したモデルの平方和である．モデルの自由度は $c-1+r-1$ である．$S_{\alpha+\beta} - S_\alpha$ が S_β の効果の平方和である．この場合 $S_\beta = S_T - S_{e_2} - (S_T - S_{e_1}) = S_{e_1} - S_{e_2}$ と計算される．

次に交互作用効果 $\alpha\beta_{ij}$ をそこから引いて新たな残差を計算する．

$$\sum\sum\sum (x_{ijh} - \overline{x} - \alpha_{i\cdot\cdot} - \beta_{\cdot j \cdot} - \alpha\beta_{ij})^2 = \sum_i^3 \sum_j^4 \sum_h^{10} \varepsilon_{ijh}^2 \quad (3.5)$$

残差の減少分が各効果の増加分である．

式の順序を入れ換えると平方和は異なる

バランスド・データなら，このように逐次的に平方和を計算していく際に，計算の順序を入れ換えても何ら差が生じない．ところが，繰り返し数が同じでない (各セルの標本数が等しくない) 場合，この同一性が崩れる．

まず年代の効果を先に総平方和から引いてみよう．

$$S_{e_1'} = \sum\sum\sum (x_{ijh} - \overline{x} - \beta_{\cdot j \cdot})^2 = \sum_i^3 \sum_j^4 \sum_h^{10} \varepsilon_{ijh}^2 \quad (3.6)$$

このときの総平方和からの残差平方和 $S_{e_1'}$ の差が S_β である．

次に α_i をこの残差から引く．これはつまり次の式の計算である．

$$S_{e_2} = \sum\sum\sum (x_{ijk} - \overline{x} - \beta_{.j.} - \alpha_{i..})^2 = \sum_i^3 \sum_j^4 \sum_k^{10} \varepsilon_{ijk}^2 \quad (3.7)$$

この残差 S_{e_2} の計算式は式 (3.4) と等しい．この残差平方和を総平方和から引いたもの $S_T - S_{e_2} = S_{\alpha+\beta}$ がモデルの平方和である．モデルの自由度は $c-1+r-1$ である．$S_{\alpha+\beta} - S_\beta$ が S_α の効果の平方和である．

この場合 $S_\alpha = S_T - S_{e_2} - (S_T - S_{e'_1}) = S_{e'_1} - S_{e_2}$ と計算される．

つまり，アンバランスド・データでは，分解の順序で各効果の推定値に多義性が生ずるのである．

3.2.2 タイプIIの平方和

タイプIIの平方和は，この多義性も S_{e_2} の段階でなくなることに注目した分解の方法である．つまり，$\alpha_i + \beta_j$ という順番でも，$\beta_j + \alpha_i$ という順番でもモデルの平方和は一致している．

ここから β_j のみの平方和 $S_{e'_1}$ を引いて S_α を推定し，α_i のみの平方和 S_{e_1} を引いて S_β を推定する．この推定方法だと，S_{e_2} と $S_\alpha + S_\beta$ は辻褄が合わないが，仕方ないことと甘受するのである．

交互作用は，交互作用を含むモデル式 (3.5) から主効果のみの平方和 (式 (3.4)) を引くことで推定するのである．タイプIIの平方和は主効果をすべて含んだモデルをベースラインにしてそこから各効果を推定していく方法である．

3.2.3 タイプIIIの平方和

タイプIIIの平方和は，最小2乗平均から計算されており簡単に説明することは困難である．一般的にいって，タイプIIIの平方和は標本数が少ないことを反映しにくいように平方和を分解する方法であると解釈できる．それに対してタイプI，タイプIIは標本数の大きさをダイレクトに

反映する分解方法である．タイプⅣは空白セルがあるときに使用する分解方法であるが，本書の範囲外としたい．

各平方和の比較

まずタイプⅠの平方和を列平均→行平均→交互作用という順序で分解する．

表8　2元分類分散分析表 (タイプⅠ：列から)

変動因	平方和	自由度	平均平方	F	有意確率
列平均	780411.5	2	390205.7	180.909	.000
行平均	57082.2	4	14270.5	6.616	.000
交互作用	27484.6	8	3435.6	1.593	.150
誤差	110003.0	51	2156.9		
合計	974981.3	65			

次は，行の効果から平方和の分解を逐次的に行った結果である．

表9　2元分類分散分析表 (タイプⅠ：行から)

変動因	平方和	自由度	平均平方	F	有意確率
行平均	57058.5	4	14264.6	6.613	.000
列平均	780435.5	2	390217.6	180.914	.000
交互作用	27484.6	8	3435.6	1.593	.150
誤差	110003.0	51	2156.9		
合計	974981.3	65			

微妙であるが，行と列の平方和が違ってくる．しかし，交互作用と誤差の平方和は変わらない．例題データは効果が顕著なので，統計的なテストの結果も変わらない．

次がタイプⅢによる平方和の分解である．例題データは，アンバランスドではあるが，比較的バランスがとれているのでどのタイプの平方和もほとんど差がない．タイプⅢの分解の特徴は，合計 (SPSS では修正総和) が各効果の和とは一致しないことである．

表10　2元分類分散分析表 (タイプⅢ)

変動因	平方和	自由度	平均平方	F	有意確率
列平均	781747.8	2	390873.9	181.218	.000
行平均	35930.8	4	8982.7	4.165	.005
交互作用	27484.6	8	3435.6	1.593	.150
誤差	110003.0	51	2156.9		
合計	974981.3	65			

3.3 多重比較

多重比較は，単純に各カテゴリーごとで t 検定などを組み合わせて行うと，第一種の過誤を犯す確率が結果として適切に設定されなくなる問題を制御した検定方法である．

基本的に1元分類分散分析で用いる比較であり，交互作用効果があるときはこれを実施することは意味がない．交互作用が (有意で) あると，各カテゴリーの平均値はそれによって明らかに異なるはずであるが，それは単純に各カテゴリー間の平均の差とは考えられないからである．

多重比較にはいろいろな方法が提案されているが，それを取り扱うのは本書の範囲を超えるものである．使用にあたっては SAS のテクニカル・レポート，『SAS による実験データの解析』等を参照されたい．

分散分析を使用するには

分散分析の解説をひとまず終えるにあたって筆者の感想を述べたい．分散分析はそもそも周到に計画された実験の分析方法として提案されたものである．社会調査において分散分析を適用するなら，検証しようとする仮説に対応して，調査を企画するときから比較する群の標本数をあらかじめ揃える配慮があるべきと考える．

やみくもに大規模な社会調査のデータ (GSS 等) を用いて，分散分析によりカテゴリーごとの平均値の差を検知して，多重比較するという検証をそれほど信用してはならない．なぜなら交互作用があることの方がむしろ多いからである．また，社会調査の場合，標本のアンバランスが顕著なケースに事欠かない．そのような場合，平方和の分解は常に多義的で有り得，どれを選択すべきかは統計学の問題ではなくなるからである．仮説に有利な分解方法を採用するというのは，かなり問題のある態度であろう．

相対的に少ない標本からなるカテゴリーと大きな標本からなるカテゴリーの平均を比較するのも十分に注意しなければならない．すでに言及したように，このような場合には一般にはタイプIIIの平方和を用いるべきだということになるが，たまたま少ない標本でこのような平均の差が生じているときには，第一種の過誤をおかす危険性を知るべきである．

差がないという帰無仮説 H_0 を棄却することは，標本数を大きくすれば可能になる．しかしアンバランスな場合には，両方の標本を大きくしなければならないが，実際にはそうはできないことの方が多いのである．

複雑なモデルで分析するのではなく，仮説を彫琢し標本を計画的に設定してより簡単なモデルで統計的にテストすべきであると筆者は考える．

練習問題

以下のデータを分散分析しなさい．

表11 例題データ：年代別・学歴別の年収 （万円）

年代	大卒	高卒	中卒	年代	大卒	高卒	中卒
20代	503	470		50代	428	572	449
	434	430	284		580	494	433
	399	437	374		496	493	461
	400	435			504	565	
	490	457	450		518	443	471
	288	409	433			454	453
30代	468			60代	459	479	
	493	398	453		483		
		578	490		486	480	541
	412	464	453			393	436
	461	363	460		493	508	463
	486	472	357		432	468	492
40代	558	472					
	375	515					
	385	477	460				
	485	521	395				
	446		465				
	524	515					

第4章 単回帰分析 (Regression Analysis)

重回帰分析の勉強の前に単回帰分析を復習しておこう．というのも，ユーザが注意すべき回帰分析の重要な特性は単回帰の問題がもっとも雄弁に語っているからである．

さて，分散分析——一般線形モデルという延長線上で考えると，回帰分析もまた回帰モデルによる総平方和の分解なのである．

データ

これから取り扱う回帰分析および重回帰分析の参考データは，8変数，200標本のものである．したがって，本書に掲載することはできない．以下の URL(http://Sociology.main.teikyo-u.ac.jp/Stat/data/Reg-data.xLs) からダウンロードして戴きたい．

4.1 回帰の基本モデル

回帰分析は，y と x に関して以下の直線を当てはめることである．それゆえに回帰分析をすることは，通常相関分析をすることでもある．

$$y = \beta_0 + \beta_1 x \tag{4.1}$$

当然のことながら，D 科目で学んだように，ユーザは散布図 (X-Y プロット) を描いて線形の相関関係を想定してよいか視覚的な吟味をしなければならない．

4.1.1 回 帰 式

回帰モデルとは，各従属変数 y の測定値 y_i の出現に関して以下の回帰式を想定している．従属変数が独立変数 x_i によってどれだけ説明されるかを，この回帰式をモデルとして考察するのである．

$$y_i = \beta_0 + \beta_1 x_i + \varepsilon_i \tag{4.2}$$

これは，定数と回帰係数 × 独立変数からなる回帰項に誤差項 ε_i が線形結合しているという意味で，1元配置分散分析とよく似ている．回帰分析でも回帰式によって説明される平方和と誤差の平方和に分解して，その妥当性を分散分析することになる．**誤差項 ε_i はそれぞれ独立で平均 0 の正規分布にしたがうことが仮定されている**から，散布図からそのように仮定してよいか読み取らなければならない．

4.1.2 何が独立変数であるか．何が従属変数であるか

数式上はどの変数も独立変数にも従属変数にもなり得る．しかし，社会学的な (健全な常識でもある) 洞察から，独立変数と従属変数の可能性は限定されなければならない．

独立変数と従属変数の原則

- 社会科学においては，性別や年齢などの生物的かつ生得的な要因はまず従属変数にはなり得ない．
- 独立変数 (後期試験の得点) に時間的に先行する変数 (前期試験の得点) は，従属変数にはならない．
  ——前期の試験の得点は後期の試験の得点に影響を与え得るが，後期の試験結果が前期の試験の得点を変えることはあり得ない．生物学的性別も同じ理由である．

社会学的に因果関係を推測することは統計学的な変数選択よりも遥かに明解であり，遥かに役に立つ．すべての社会学学徒は，統計ソフトのボ

タンをクリックする前に，考え込むことが必要である．それから，分析する分野の先行研究を調べて，どのような独立変数がどのような理由から除去されているかを知ることは大切である．統計ソフトはどんな出鱈目な回帰式にも，それらしい出力をするかもしれないので，注意しなければならない．

説明のための設定

これからの説明のために取りあえず従属変数 y として年収を設定し，独立変数 x としては教育年数を設定しておこう．

4.2 最小2乗法—OLS—による回帰係数の推定

分散分析が平均偏差の 2 乗和の引き算から各効果を推定したようには，未知数 β_0, β_1 を推定することはできない．まず，独立変数の従属変数への影響力を示す β_1 だけを考えよう．

標準化変換—β_0 の除去

平方和の分解という視点からは，y_i, x_i の平均偏差 (1 次の積率) y'_i, x'_i を考えれば，(4.4) 式のような変数変換を想定できる．

$$\overline{(y_i - \overline{y})} = \frac{1}{n}\sum(y_i - \overline{y}) = \frac{1}{n}(\sum y_i - \sum \overline{y}) = 0 \qquad (4.3)$$

より，y 切片である $\beta_0 = 0$ と考えることができる．

$$y_i - \overline{y} = \beta_1(x_i - \overline{x}) + \varepsilon_i \qquad (4.4)$$

単回帰分析は 2 次元正規分布を想定してるから，$(\overline{x}, \overline{y})$ を中心とした分布をイメージした方がよいのである．

回帰式の傾き β_1 の推定

最小 2 乗 (Ordinary Least Square) 法 (OLS) は $\sum_{i=1}^{n} \varepsilon_i$ が最小化するように推定値 $\hat{\beta}_1$ を決める方法である．表記の簡略化のため，$y' = y_i - \overline{y}, y' = x_i - \overline{x}$ として以下のように表記する．

$$y'_i = \hat{\beta}_1 x'_i + \varepsilon_i \tag{4.5}$$

つまり各誤差は (回帰分析では回帰モデルから分離された誤差を「**残差**」と呼ぶ)，

$$\varepsilon_i = y'_i - \hat{\beta}_1 x'_i \tag{4.6}$$

である．これを単純に足し合わせると，誤差の平均は 0 と仮定しているし，平均偏差の定義から $\sum \varepsilon_i = 0, \sum y_i' = 0, \sum x_i' = 0$ となり都合が悪い．そこで両辺を 2 乗して足し合わせて，残差平方和 S_e を考える．

$$S_e = \sum_{i=1}^{n} \varepsilon_i^2 = \sum_{i=1}^{n} (y'_i - \beta_1 x'_i)^2 \tag{4.7}$$

この残差平方和 $S_e = \sum_{i=1}^{n} \varepsilon_i^2$ を最小化するような $\hat{\beta}_1$ を求めるのが最小 2 乗法である．

式 (4.7) の右辺を展開してみよう．

$$S_e = \sum_{i=1}^{n} (y_i'^2 - 2y'_i \hat{\beta}_1 x_i' + \hat{\beta}_1^2 x_i'^2) \tag{4.8}$$

S_e を $\hat{\beta}_1$ の関数とみなせば，$\hat{\beta}_1$ で S_e を偏微分し 0 と置いたもの

$$\frac{\partial S_e}{\partial \hat{\beta}_1} = 0 \tag{4.9}$$

が S_e を最小化させる $\hat{\beta}_1$ に関する条件である．

$$\frac{\partial S_e}{\partial \hat{\beta}_1} = \sum_{i=1}^{n} (-2y'_i x_i' + 2\hat{\beta}_1 x_i'^2) = 0 \tag{4.10}$$

したがって,
$$-2\sum_{i=1}^n y'_i x_i' + 2\sum_{i=1}^n \hat{\beta}_1 x_i'^2 = 0$$

$$\hat{\beta}_1 \sum_{i=1}^n x_i'^2 = \sum_{i=1}^n y'_i x_i'$$

最小2乗法により推定されるのは (元の定義に戻すと),
$$\hat{\beta}_1 = \frac{\sum_{i=1}^n y'_i x_i'}{\sum_{i=1}^n x_i'^2} = \frac{\sum_{i=1}^n (y_i - \overline{y})(x_i - \overline{x})}{\sum_{i=1}^n (x_i - \overline{x})^2} \tag{4.11}$$

である. これで回帰式の傾き β_1 の推定値 $\hat{\beta}_1$ を得ることができた.

y 切片 β_0 の推定

y 切片 β_0 も推定しておかなければならない. この場合は平均偏差 (1次の積率) ではなく, もとの回帰モデルの式 (4.2) から考えよう. 誤差 ε_i は,
$$\varepsilon_i = y_i - \hat{\beta}_0 - \hat{\beta}_1 x_i \tag{4.12}$$

である. この2乗和の
$$\sum_{i=1}^n \varepsilon_i^2 = \sum_{i=1}^n (y_i - \hat{\beta}_0 - \hat{\beta}_1 x_i)^2 \tag{4.13}$$

の最小化を考える. 右辺を展開すると,
$$\sum_{i=1}^n (y_i^2 - 2\hat{\beta}_0 y_i - \hat{\beta}_0^2 - 2\hat{\beta}_1 y_i x_i + 2\hat{\beta}_0 \hat{\beta}_1 x_i + \hat{\beta}_1^2 x_i^2) \tag{4.14}$$

これを $\hat{\beta}_0$ で偏微分して0とおけば,
$$\frac{\partial S_e}{\partial \hat{\beta}_0} = -2\sum_{i=1}^n (y_i - \hat{\beta}_0 - \hat{\beta}_1 x_i) = 0 \tag{4.15}$$

これはさらに，

$$\sum_{i=1}^n y_i - n\hat{\beta}_0 - \hat{\beta}_1 \sum_{i=1}^n x_i = 0 \tag{4.16}$$

よって，

$$n\hat{\beta}_0 = \sum_{i=1}^n y_i - \hat{\beta}_1 \sum_{i=1}^n x_i = 0 \tag{4.17}$$

ここで両辺を n で割ると，

$$\hat{\beta}_0 = \overline{y} - \hat{\beta}_1 \overline{x} \tag{4.18}$$

ここですでに求めてあった $\hat{\beta}_1$ の推定値を用いれば，

$$\hat{\beta}_0 = \overline{y} - \frac{\sum_{i=1}^n (y_i - \overline{y})(x_i - \overline{x})}{\sum_{i=1}^n (x_i - \overline{x})^2} \overline{x} \tag{4.19}$$

が $\hat{\beta}_0$ の推定値である．

ようやく推定された回帰式

$$\hat{y}_i = \hat{\beta}_0 + \hat{\beta}_1 x_i \tag{4.20}$$

を得た訳である．例題データから，従属変数 y を年収，独立変数 x を教育年数とするなら，$\hat{\beta}_0 = 627.7, \hat{\beta}_1 = 4.641$ が計算される．

測定単位の影響を相対的に考慮して独立変数の影響力の大きさを推定するなら，**標準化偏回帰係** (ベータ係数) を参照すべきであるが，単回帰の場合，標準化偏回帰係数＝相関係数 ($r = .425$) となっている．

4.3 分散分析
—総平方和 = 回帰平方和 + 残差平方和

回帰分析は従属変数の平方和を，回帰式によって説明される平方和と残差の平方和に分解する手法でもある．

$$\hat{y_i}' = \hat{\beta}_1 x_i' \tag{4.21}$$

再び $y_i - \overline{y}, x_i - \overline{x}$ と変数変換した場合で考える．この場合回帰直線は原点 $(\overline{x}, \overline{y})$ を通る直線である．このように変数変換しておくと偏差平方和の分解に都合がよい．

4.3.1 回帰平方和

回帰平方和は単純に，

$$S_R = \sum_{i=1}^{n} \hat{\beta}_1^{\,2} x'^2 = \hat{\beta}_1^{\,2} \sum_{i=1}^{n} x'^2 = \frac{(\sum_{i=1}^n y_i' x_i')^2}{(\sum_{i=1}^n x'^2)^2} \sum_{i=1}^{n} x'^2 = \frac{(\sum_{i=1}^n y_i' x_i')^2}{\sum_{i=1}^n x'^2} \tag{4.22}$$

と計算される．

4.3.2 残差平方和

一方，誤差 ε_i は，

$$\varepsilon_i = y_i' - \hat{y_i}' = y_i' - \hat{\beta}_1 x_i' \tag{4.23}$$

この誤差の 2 乗和は，

$$\sum_{i=1}^{n}(y_i' - \hat{\beta}_1 x_i')^2 = \sum(y_i'^2 - 2\hat{\beta}_1 y_i' x_i + \hat{\beta}_1^{\,2} x_i^2) \tag{4.24}$$

各項で分けて足し合わせると，

$$\sum_{i=1}^{n} y_i'^2 - 2\hat{\beta}_1 \sum_{i=1}^{n} y_i' x_i' + \hat{\beta}_1^{\,2} \sum_{i=1}^{n} x_i'^2 \tag{4.25}$$

ここで，$\hat{\beta}_1 = \dfrac{\sum_{i=1}^n y'x'}{\sum_{i=1}^n x'^2}$ を代入すると，

$$\sum_{i=1}^n y_i'^2 - 2\frac{(\sum_{i=1}^n y_i'x_i')^2}{\sum_{i=1}^n x'^2} + \frac{(\sum_{i=1}^n y_i'x_i')^2}{\sum_{i=1}^n x_i'^2} \tag{4.26}$$

よって，残差平方和は，

$$S_e = \sum_{i=1}^n y_i'^2 - \frac{(\sum_{i=1}^n y_i'x_i')^2}{\sum_{i=1}^n x'^2} \tag{4.27}$$

となる．右辺第 1 項の $\sum_{i=1}^n y_i'^2$ は，定義より y の偏差平方和であるから，実は独立変数の総平方和 S_T である．そして式 (4.22) より右辺第 2 項は**回帰平方和 S_R** である．

つまり回帰分析は，従属変数の**偏差平方和 S_T** を，独立変数 × 回帰係数の平方和 S_R と**残差平方和 S_e** に分解したことでもある．

$$S_T = S_R + S_e \tag{4.28}$$

4.3.3 回帰の分散分析

S_R の自由度

S_R の自由度はいくつであろうか．自由度とは独立な確率変数の個数である．この場合，推定方式から考えて回帰係数 $\hat{\beta}_1$ が唯一の可変な変数である．

S_e の自由度

S_e の自由度はいくつであろうか．点の個数が自由度になるであろうか．残差平方和の計算のために $S_R, \overline{y}$ が使われていることに注目すれば，$n-2$ が独立な確率変数の個数である．

S_T の自由度

S_T の自由度は，計算のために $\overline{y}$ が使われていることから，$n-1$ である．

第 4 章 単回帰分析 (Regression Analysis) 41

表 12 分散分析表

変動因	平方和	自由度	平均平方	F	有意確率
回帰	606862.9	1	606862.9	43.599	.000
残差	2755988.3	198	13919.1		
合計	3362851.2	199			

回帰分析の結果を分散分析して回帰モデル自体が棄却されることは，実際は滅多にない．最小 2 乗法によって残差の最小化が図られているからである．

4.4 回帰係数 $\hat{\beta}_1$ などの検定

統計的検定のためには，$\hat{\beta}_0, \hat{\beta}_1$ の分布を知らなければならない．統計的検定は単なる科学的手続きとして使用してはならない．その分野に関する専門的な知識からどのような $\hat{\beta}_1$ が出現するか吟味すべきであろう．

4.4.1 $\hat{\beta}_1$ の分布

回帰係数 $\hat{\beta}_1$ の分布は，$\hat{\beta}_1$ が以下の式

$$\hat{\beta}_1 = \frac{\sum_{i=1}^n y_i' x_i'}{\sum_{i=1}^n x_i'^2} = \frac{\sum_{i=1}^n (y_i - \overline{y})(x_i - \overline{x})}{\sum_{i=1}^n (x_i - \overline{x})^2} \tag{4.29}$$

で推定されることから，この値の出方に依存している．数学者の教えるところでは，確率論は，変数を確率変数と考えることが重要だそうである．どのような確率変数であるかで，それのしたがう分布も決まるのである．

さて回帰分析の場合，推定の過程において，独立変数は given であり確率変数ではない．変化しない独立変数 x に正規分布にしたがう確率変数の誤差が加算されて従属変数 $\hat{y}$ が出現すると考えて，$\hat{\beta}_1$ が推定されている．それゆえに，確率変数としての $\hat{\beta}_1$ は正規分布にしたがうと

予想できる.

実際にも $\sum_{i=1}^{n}(x_i - \overline{x})^2$ は回帰モデルでは変数ではなく定数であるから, $\sum_{i=1}^{n}(y_i - \overline{y})(x_i - \overline{x})$ という確率変数の分布のみを考えればよい. 2次元正規分布が想定されていれば, y_i は ε_i 分変化するから, $\sum_{i=1}^{n}(y_i - \overline{y})(x_i - \overline{x})$ も正規分布するだろう. 天下り的だが,

$$\begin{cases} E(\hat{\beta}_1) &= \beta_1 \\ Var(\hat{\beta}_1) &= \dfrac{\sigma^2}{\sum_{i=1}^{n}(x_i - \overline{x})^2} \end{cases} \quad (4.30)$$

$\hat{\beta}_1$ は β_1 の不偏推定量で, 母集団の正規分布の分散 σ^2 を x の偏差平方和で割ったものにしたがうのである.

$\hat{\beta}_1$ が確率変数で正規分布にしたがうならば, (4.18) 式より $-\hat{\beta}_1$ に $\sum y_i$ を足した $\hat{\beta}_0$ も確率変数で正規分布にしたがう.

4.4.2 S_e の分布

S_e は定義式から予想されるように, 正規分布にしたがう確率変数の2乗和の結合であるから, χ^2 分布にしたがう. 自由度は $n-2$ である. 従属変数 y の母集団の分散を σ^2 とすれば,

$$\frac{S_e}{\sigma^2} \sim \chi^2(n-2) \quad (4.31)$$

残差平方和の分散を以下のように定義すると,

$$V_e = \frac{S_e}{n-2} \quad (4.32)$$

V_e は σ^2 の不偏推定量という関係が成り立つ. これがこれからの検定のために重要である.

4.4.3 $\beta_1 = 0$ の検定

$\hat{\beta}_1$ は β_1 の不偏推定量で,母集団の正規分布の分散 σ^2 を x の偏差平方和で割ったものにしたがう.多くの統計ソフトが実施している t 検定は,帰無仮説 $H_0: \beta_1 = 0$ の検定である.

$$\hat{\beta}_1 \sim N(\beta_1, \frac{\sigma^2}{\sum x'^2}) \tag{4.33}$$

であるから,帰無仮説に関して基準化すると,

$$\frac{\hat{\beta}_1 - \beta_1}{\sqrt{\dfrac{\sigma^2}{\sum x'^2}}} \sim N(0, 1^2) \tag{4.34}$$

$\sigma^2 \doteqdot V_e = \dfrac{S_e}{n-2}$ を代入すれば,$\hat{\beta}_1$ は,母集団の分散を標本からの推定値で置き換えたのだから,正規分布から自由度 $n-2$ の t 分布へと変化する.

$$\frac{\hat{\beta}_1 - \beta_1}{\sqrt{\dfrac{V_e}{\sum x'^2}}} \sim t_0(n-2) \tag{4.35}$$

帰無仮説のもとでは $\beta_1 = 0$ であるから,標本数 n が大きければ,$\hat{\beta}_1$ は平均 0 の正規分布と考えても何ら差し支えはない.であるから,ユーザは t の値自体でテストするくらいの見識があってもよい.何がなんでも有意確率をみなければというのは,小標本の場合に限られる.

より重要な事実は,大標本であればあるほど $H: \beta_1 = 0$ は棄却されやすくなるということである.V_e は標本数に依存しないと仮定しても,大標本であればあるほど,独立変数の偏差積和 $\sum x'^2$ は大きくなる.よって式 (4.35) の分母はどんどん小さくなる.$\hat{\beta}_1$ がどんなに小さくても,標本を随意に増やすことができれば,有意水準 $\alpha = .001$ でも $\hat{\beta}_1$ を有意にすることができるのである.

多くのユーザは，標本が大きければよい推定や検定となることを，未だに無邪気に仮定しているが，現在一般的な用法では，大標本の回帰分析の検定を (重回帰分析も) あまり当てにしてはならない．実際，母集団において $\beta_1 = 0$ が厳密な意味で成立していることは有り得ない．$\beta_1 = .0001$ のときに，$H_0 : \beta_1 = 0$ を棄却しても，研究に格別の意義がある結果とはいえないのである．一般にある変数 x とある変数 y が関係があるとわれわれがいうことと，$\beta_1 = 0$ がある有意水準で棄却されることとは，決して同義ではないことに注意すべきである．

$\beta_0 = 0$ の検定

切片が 0 であるという検定には，あまり意味がないので，これは省略する．

練習問題

ダウンロードしたデータのうち，従属変数を「本人の資産」，独立変数を「親の資産」として回帰分析を行いなさい．

第5章 重回帰分析 (Multiple Regression Analysis)

重回帰分析は，以下のように単回帰分析の独立変数を多変数に拡張したものである．

$$y_i = \beta_0 + \beta_1 x_{i1} + \beta_2 x_{i2} + \cdots + \beta_p x_{ip} + \varepsilon_i \tag{5.1}$$

OLSにより係数を推定することや，平方和の分解や偏回帰係数の推定値の分布など基本的な問題は単回帰とほとんど同じである．ただし，独立変数が複数個あるということが問題を複雑にしているのである．

5.1 OLS—最小2乗推定

問題を単純にするために，各変数がそれぞれ平均偏差に変換されていることにしよう．単回帰分析と同じように回帰直線は p 次の超平面の原点 $(\overline{y}, \overline{x}_1, \overline{x}_2, \cdots, \overline{x}_p)$ を通る直線である ($\beta_0 = 0$ と考えることができる)．重回帰分析でも最小2乗法は，

$$\sum_{i=1}^{n} [y_i - (\beta_1 x_{i1} + \beta_2 x_{i2} + \cdots + \beta_p x_{ip})]^2 = \sum_{i=1}^{n} \varepsilon_i^2 \tag{5.2}$$

というように残差平方和の最小化を考えていることは同じである．ただし独立変数が多変数で複雑なので見通しのよい表記法を工夫する必要がある．単回帰と同じように誤差平方和を $\sum_{i=1}^{n} \varepsilon_i^2 = S_e$ として，

$\beta_0, \beta_1, \beta_2, \cdots$ を変数とする関数として,次々に偏微分して0とおく.それは次のような連立方程式になる.[ ]の2乗の偏微分であるから,どの項も $2\beta_j x_j$ との積となる点が狙い目である.2は消えて,

$$\begin{cases} \dfrac{\partial S_e}{\partial \beta_1} = 0, & \displaystyle\sum_{i=1}^{n} y_i x_{i1} = \beta_1 \sum_{i=1}^{n} x_{i1}^2 + \beta_2 \sum_{i=1}^{n} x_{i1}x_{i2} + \beta_3 \sum_{i=1}^{n} x_{i1}x_{i3} + \cdots \\ \dfrac{\partial S_e}{\partial \beta_2} = 0, & \displaystyle\sum_{i=1}^{n} y_i x_{i2} = \beta_1 \sum_{i=1}^{n} x_{i1}x_{i2} + \beta_2 \sum_{i=1}^{n} x_{i2}^2 + \beta_3 \sum_{i=1}^{n} x_{i2}x_{i3} + \cdots \\ \dfrac{\partial S_e}{\partial \beta_3} = 0, & \displaystyle\sum_{i=1}^{n} y_i x_{i3} = \beta_1 \sum_{i=1}^{n} x_{i1}x_{i3} + \beta_2 \sum_{i=1}^{n} x_{i2}x_{i3} + \beta_3 \sum_{i=1}^{n} x_{i3}^2 + \cdots \\ \vdots \quad = & \qquad\qquad\qquad\qquad \vdots \end{cases}$$
(5.3)

上の式は偏差平方和・偏差積和を定数とする変数 $\beta_0, \beta_1, \beta_2, \cdots$ についての連立方程式である.ここで偏差積和・偏差平方和に関して簡便な新しい記号を導入する.

$$\sum_{i=1}^{n} y_i x_{i1} = S_{1y}, \qquad \sum_{i=1}^{n} x_{i1}x_{i2} = S_{12}, \qquad \sum_{i=1}^{n} x_{i1}^2 = S_{11}$$
(5.4)

すると,連立方程式 (5.3) は以下のように書ける.

$$\begin{cases} S_{1y} &= \beta_1 S_{11} + \beta_2 S_{12} + \beta_3 S_{13} + \cdots \\ S_{2y} &= \beta_1 S_{12} + \beta_2 S_{22} + \beta_3 S_{23} + \cdots \\ S_{3y} &= \beta_1 S_{13} + \beta_2 S_{12} + \beta_3 S_{33} + \cdots \\ \vdots &= \qquad\qquad \vdots \end{cases}$$
(5.5)

これは S_{ij} を要素とする,独立変数の偏差積和行列 $\boldsymbol{S}$ と (縦) ベクトル β_j の積が,従属変数 y と各独立変数 x_j の偏差積和のベクトルとなることに他ならない.

$$\begin{bmatrix} S_{1y} \\ S_{2y} \\ S_{3y} \\ \vdots \\ S_{py} \end{bmatrix} = \begin{bmatrix} S_{11} & S_{12} & \cdots & S_{1p} \\ S_{21} & S_{22} & \cdots & S_{2p} \\ S_{31} & S_{32} & \cdots & S_{3p} \\ \vdots & \vdots & \vdots & \vdots \\ S_{p1} & S_{p2} & \cdots & S_{pp} \end{bmatrix} \begin{bmatrix} \beta_1 \\ \beta_2 \\ \beta_3 \\ \vdots \\ \beta_p \end{bmatrix} \quad (5.6)$$

つまり,ベクトルと行列では,偏差積和・平方和行列を $\boldsymbol{S}$ とすると,

$$\boldsymbol{S_{jy}} = \boldsymbol{S}\boldsymbol{\beta_j} \quad (5.7)$$

この連立方程式を**正規方程式**と呼ぶ場合もある.それゆえに,偏差積和・平方和行列の逆行列を $\boldsymbol{S^{-1}}$ とすれば,

$$\boldsymbol{S^{-1}}\boldsymbol{S_{jy}} = \boldsymbol{S^{-1}}\boldsymbol{S}\boldsymbol{\beta_j} \quad (5.8)$$

$$\boldsymbol{\beta_j} = \boldsymbol{S^{-1}}\boldsymbol{S_{jy}} \quad (5.9)$$

と求められる.したがって $\hat{\beta}_j$ は,逆行列 $\boldsymbol{S^{-1}}$ の要素を S^{jj} と表記すれば,

$$\hat{\beta}_j = S^{j1}S_{1y} + S^{j2}S_{2y} + \cdots + S^{jp}S_{py} \quad (5.10)$$

となり,やっと $\hat{\beta}_j$ が求まったのである.これを検討すると明らかであるが,変数間の関係を示す偏差積和が絶対値として大きければ,$\hat{\beta}_j$ がかなり決まってくる.これは以下の変数の標準化をするといっそう明らかである.

標準化偏回帰係数—変数の標準化

これまでの計算は,独立変数群も従属変数も平均偏差となっていたが,**測定単位系**のままであった.計量経済学は測定単位系を好んで使用

するが,独立変数の従属変数への影響の大きさを相対的に比較をするには,これでは都合が悪い.

ここで各変数に **z 変換** を行うことにする. つまり各変数を平均 0, 分散 1^2 に変換して, OLS を実施するのである. もちろん $\beta_0 = 0$ となる. 正規方程式 (5.6) は次のように変化する.

$$\begin{bmatrix} r_{1y} \\ r_{2y} \\ r_{3y} \\ \vdots \\ r_{py} \end{bmatrix} = \begin{bmatrix} 1 & r_{12} & \cdots & r_{1p} \\ r_{21} & 1 & \cdots & r_{2p} \\ r_{31} & r_{32} & \cdots & r_{3p} \\ \vdots & \vdots & \vdots & \vdots \\ r_{p1} & r_{p2} & \cdots & 1 \end{bmatrix} \begin{bmatrix} \beta_1 \\ \beta_2 \\ \beta_3 \\ \vdots \\ \beta_p \end{bmatrix} \quad (5.11)$$

つまり, 相関係数行列を $\boldsymbol{R}$ とすると

$$\boldsymbol{r_{jy}} = \boldsymbol{R}\boldsymbol{\beta_j} \quad (5.12)$$

相関係数行列の逆行列を $\boldsymbol{R^{-1}}$ とすれば,

$$\boldsymbol{\beta_j} = \boldsymbol{R^{-1}}\boldsymbol{r_{jy}} \quad (5.13)$$

と求められる. したがって $\hat{\beta}_j$ は, 逆行列 $\boldsymbol{R^{-1}}$ の要素を r^{jj} と表記すれば,

$$\hat{\beta}_j = r^{j1}r_{1y} + r^{j2}r_{2y} + \cdots + r^{jp}r_{py} \quad (5.14)$$

このように推定された $\hat{\beta}_j$ を特に **標準 (化) 偏回帰係数** (あるいは単にベータ係数) と呼ぶのである. 独立変数の従属変数への相対的な影響力を評価するなら, **多重共線性** という問題を別にすれば, この係数を参考にすべきである.

標準偏回帰係数 $\hat{\beta}'_j$ と偏回帰係数 $\hat{\beta}_j$ の間には,

$$\hat{\beta}'_j = \hat{\beta}_j \frac{s_i}{s_y} = \hat{\beta}_j \sqrt{\frac{S_{jj}}{S_{yy}}} \quad (5.15)$$

第 5 章　重回帰分析 (Multiple Regression Analysis)

という関係が成り立つ.

5.2　平方和の分解

単回帰のように式を展開することは省略して $S_T = S_R + S_e$ と分解されることを前提とし，それぞれの平方和の計算式を示しておく.

推定された重回帰式を行列表現すると (ここでは平均偏差化された x, y を扱っている),

$$\hat{\boldsymbol{y}} = \boldsymbol{X}\hat{\boldsymbol{\beta}}_j \tag{5.16}$$

よって残差の総和 S_e は ($^t(\ )$ は転置行列を示す),

$$S_e = {}^t(\boldsymbol{y} - \boldsymbol{X}\hat{\boldsymbol{\beta}}_j)(\boldsymbol{y} - \boldsymbol{X}\hat{\boldsymbol{\beta}}_j) \tag{5.17}$$

これを展開すると,

$$S_e = {}^t\boldsymbol{y}\boldsymbol{y} - 2\,{}^t\hat{\boldsymbol{\beta}}{}^t\boldsymbol{X}\boldsymbol{y} + {}^t\hat{\boldsymbol{\beta}}_j{}^t\boldsymbol{X}\boldsymbol{X}\hat{\boldsymbol{\beta}}_j \tag{5.18}$$

$$\boldsymbol{X}\hat{\boldsymbol{\beta}}_j = \hat{\boldsymbol{y}}$$

であるから，残差平方和 S_e は,

$$S_e = {}^t\boldsymbol{y}\boldsymbol{y} - {}^t\hat{\boldsymbol{\beta}}{}^t\boldsymbol{X}\boldsymbol{y} \tag{5.19}$$

$S_T = S_{yy}$ であり，それゆえ $S_e = S_{yy} - S_R$ であるから,

$$S_R = {}^t\hat{\boldsymbol{\beta}}\boldsymbol{y}{}^t\boldsymbol{X} \tag{5.20}$$

と回帰平方和が計算される.

練習問題

従属変数 y を年収,独立変数を年齢,教育年数,性別,本人の資産,親の年収,親の資産の 6 変数 $(p=6), x_1...x_6$ として重回帰分析を行い,重回帰式を推定しなさい.

5.2.1 例題に関する重回帰分析の一例

多くの統計ソフトでは,まず重相関係数 R,寄与率 R^2,自由度調整済み R^{2*} などの重回帰モデルの適合度に関する指標を出力する.これらの指標に関する説明は次章に譲ることとする.

重回帰モデルの分散分析

表 13 分散分析表

変動因	平方和	自由度	平均平方	F	有意確率
回帰	822073.4	6	137012.2	10.408	.000
残差	2540777.8	193	13164.7		
合計	3362851.2	199			

単回帰と比べて独立変数が p 個に増えたので,回帰平方和の自由度は p となる.残差平方和の自由度は $n-p-1$ である.

$$年収 = 500.988 + 5.382 \times 年齢 + 3.472 \times 教育年数 + 57.227 \times 性別 \\ -.030 \times 本人の資産 + .265 \times 親の年収 - .102 \times 親の資産 \tag{5.21}$$

が推定された回帰式である.

5.3 偏回帰係数 $\hat{\beta}_j$ などの検定

推定された偏回帰係数は,単回帰分析の回帰係数と同じように,その分布を想定して統計的検定や信頼区間を考えることができる.

第 5 章 重回帰分析 (Multiple Regression Analysis)

$\hat{\beta}_j$ のしたがう分布

天下り的であるが,単回帰と同じように $\hat{\beta}_j$ は β_j の不偏推定量であり,母分散 $\sigma^2 S^{-1}$ の正規分布にしたがう.

$$\frac{\hat{\beta}_j - \beta_j}{\sqrt{\sigma^2 S^{jj}}} \sim N(0, 1^2) \tag{5.22}$$

残差平方和 S_e

残差平方和 S_e は,以下の式のように,定数である従属変数 y の偏差平方和から,分散 σ^2 の正規分布に従う確率変数 $\hat{\beta}$ の転置行列と n 個の独立変数群 x_j の転置行列の積を引いたものであるから,

$$S_e = {}^t\boldsymbol{y}\boldsymbol{y} - {}^t\hat{\boldsymbol{\beta}}{}^t\boldsymbol{X}\boldsymbol{y} \tag{5.23}$$

$n \times \sigma^2$ と思いきや,さにあらず,$(n-p-1) \times \sigma^2$ にしたがう.さらに誤差 ε_i が正規分布にしたがうと仮定しているので,

$$\frac{S_e}{\sigma^2} \sim \chi^2(n-p-1) \tag{5.24}$$

は自由度 $n-p-1$ の χ^2 分布にしたがう.

5.3.1 $\hat{\beta}_j = 0$ の検定

母分散 $\sigma^2 S^{-1}$ の σ^2 の部分を推定値 $V_e = \dfrac{S_e}{n-p-1}$ で置き換えたので,自由度 $n-p-1$ の t 分布としてテストできる.

$$\frac{\hat{\beta}_j - \beta_j}{\sqrt{V_e S^{jj}}} \sim t_0(n-p-1) \tag{5.25}$$

大方の社会科学の致命的な弱点として $H_0 : \beta_j = 0$ と立てるしかない.それゆえ検定統計量 t の大きさは S^{jj} にかなり依存する.偏差平方和・積和行列の逆行列の (主) 対角成分 S^{jj} は,一般に標本が大きくなるほど小さくなる傾向を有している.それゆえに,大標本の場合には,$\beta_j = 0$ を棄却しやくすくなるのである.これも単回帰分析と同じ性質である.

単に標本数が大きくなれば，$\beta_j \neq 0$ と結論する統計的テストの結果を無批判に信用してはならない．むしろ，標準偏回帰係数の大きさを参照しつつ，$\hat{\beta_j}$ の値をその分野固有の知識から評価すべきである．

たとえば，50頁の重回帰式 (5.21) の性別変数の偏回帰係数をテストすると，$t = 3.470$ であるから，有意水準 .01 でも $H_0 : \beta_3 = 0$ を棄却できない．標準偏回帰係数は $\hat{\beta}'_3 = .221$ であり確かに年収に一定の影響を与えていることが確認される．

練習問題

50頁の重回帰式 (5.21) のその他の偏回帰係数を帰無仮説 $H_0 : \beta_j = 0$ に関して検定しなさい．

第6章 重回帰分析結果の評価

ほとんどすべての統計分析がそうなのであるが，重回帰分析をパッケージ・プログラムを利用して実施して，その出力結果を検討することなく分析結果とするのは，よくない心得である．「真の分析は最初の出力を得たところから始まる」というのが，「**回帰診断**」と「**探索的データ解析**」の心構えである．

分散分析でモデルが有意とされ，偏回帰係数も有意なら，その分析を信頼してよいだろうか．すでに指摘しているが，標本数が大きい場合 ($n > 1000$ 程度) には，分散分析も偏回帰係数の t 検定も多くの場合甘いテストとなっていることに注意すべきである．

多くの場合，独立変数が1単位増加すると従属変数が偏回帰係数分，増加あるいは減少するという解釈をしがちである．たとえば例題の場合，教育年数が1年延びると年間所得が 3.47 万円増加するなどと結論しがちである．これは，いくつかの理由によって正しくない推論である．

1. 多くの場合，クロス・セクショナルなデータが分析されているが，これらの変数はすべて同時分布であり，因果的な推論の根拠としては不十分である．
2. この結論が，実現していない値に対する予測である場合（つまり，これからある人が1年教育期間を伸ばした場合），統計学的にも，また現実にも正しくない予測となることが多い．

その理由は多岐にわたる．

(a) 観測区間以外で線形の回帰方程式が妥当であるか不明である．修士課程からさらに博士課程に進んだとして，年収の延びが同じ傾きで伸びるであろうか？
(b) 多次元正規分布の中心から離れると予測精度が落ちる．
(c) 誤差平方和が大きいと，信頼区間が拡がり，従属変数の予測値が変化する可能性が大きくなる可能性がある．回帰のモデルには正規分布にしたがう誤差が結合していることを知るべきである．

3. 回帰式に取り込まれていない，いわゆる「第3の変数」の影響でそのような傾向が現れた場合，誤った推論となる．

上記の要因を考え合わせると，重回帰式の当てはまりがかなりよくなければ，このような推論は到底無理だと思われる．本書は，重回帰式の当てはまりのよさを評価する統計学的指標を解説することに言及してこなかったが，ようやくそのときがやってきた．

寄与率

重回帰分析は，分散分析的な視点からみれば，従属変数 y の偏差平方和の回帰モデルによる分解である．回帰平方和が従属変数 y の偏差平方和に占める割合が大きければ，よいモデルだと評価できよう．したがって，

$$R^2 = \frac{S_R}{S_T} = \frac{S_T - S_e}{S_T} = 1 - \frac{S_e}{S_T} \tag{6.1}$$

が**寄与率**または**決定性係数** R^2 と呼ばれる重回帰モデルの当てはまりのよさを表す指標のひとつである．この平方根 R が**重相関係数**である．

この R^2 は，独立変数が新たに追加されると，その独立変数が従属変数とは何ら関係がなくとも増加するという性質を有している．やたらと多くの独立変数を投入したモデルが $R^2 < .2$ 程度なら，そのモデルは問

題を適切に把握するところとは遠いと考えるべきである．

また，この性質にはデータ数が小さいときには特に注意しなければならない．2点を通る直線がただ1本であることから，データ数が少ないと $R^2 \simeq 1$ である．それゆえに，データ数の小さいことと独立変数の多いことを調整して R^2 を評価する

$$R^{2*} = \frac{\dfrac{S_R}{n-p-1}}{\dfrac{S_T}{n-1}} \tag{6.2}$$

が**自由度調整済み寄与率**として定義されている．これは分散分析表のおまけのような統計量であるが，これから述べる変数選択にはきわめて重要な指標である．

6.1 回帰モデルの選択

文科系のデータ解析には，それほど大きな R^2 が必要ではないという立場をとる方々もいるだろう．もちろん筆者はそれに与しない．仮説に合致する分析結果がでましたと報告しても，その寄与率が < 0.3 というのは，仮説の説明できない部分の方が遥かに大きいことを示すことになるからである．

もし分析者がデータ解析をただの手続き以上のものにしたいと思ったならば，よりよいモデルを探索する「探索的データ解析」を行うべきであろう．モデルから必要のない独立変数を取り除き，新たな独立変数を追加して，せめて $R^2 \simeq 0.6$ ほどのモデルを発見しなければならない．

このときの大原則は以下の3つである．

- 同じ寄与率なら，独立変数が少ない方がよいモデルである．
- 自由度調整済み寄与率 R^{2*} の大きい方がよいモデルである．

- 社会学的に説明のつくモデルがよいモデルである．

6.1.1 独立変数を減らす

まず，**標準偏回帰係数**の絶対値の大きさと t 検定の結果を参考にして，モデルから脱落させる独立変数の候補を決める．その独立変数を取り除いて重回帰分析を実施し，前の結果と比較する．**自由度調整済み寄与率 R^{2*}** が大きくなっていれば，モデルから取り除いてもよい場合が多い．

次に取り除くべき変数がないかどうか検討する．取り除ける変数がなくなったら，変数の追加を検討する．理論的に重要な変数を取り除くべきという時には，その妥当性を理論的に考察して，その除去の妥当性に関して十分な根拠を考えておかなければならない．

6.1.2 新たな独立変数を追加する

変数を追加する時には，やみくもに独立変数を追加するのではなく，理論的な見地から仮説を見直して，見落としていた要因・変数がないかどうかを，じっくり考え直すべきである．

カテゴリカル変数の追加—ダミー変数

例題の場合，コウホート効果と従業先事業所の規模に関する情報がないと不十分であると考えられるので，その情報を追加することにした．社会科学の場合，連続的な独立変数よりもむしろ質的なカテゴリカル変数が大きな役割を果たすことが多い．そこで，カテゴリカル変数の重回帰式への追加のテクニックを知らなければならない．

たとえば，所得形成において，コウホート効果と呼ばれることの多い，世代間の差異を回帰式に取り込みモデルの説明力を向上させよう．コウホート効果は，ただ年齢があがることにより，所得が上昇するという加齢効果とは別だから，1950年代コウホートが $x_{p+1} = 1$, 1960年代コウホートが $x_{p+1} = 2$ というようにコードして x_{p+1} の偏回帰係数を検討する訳にはいかない．

そこで，1950〜1980年代出生コウホートという4つのコウホート効果を識別するときには，$4-1$個の**ダミー変数**を導入する．

$$\begin{cases} (z_1, z_2, z_3) &= (1,0,0) \quad \text{—1950年代出生} \\ (z_1, z_2, z_3) &= (0,1,0) \quad \text{—1960年代出生} \\ (z_1, z_2, z_3) &= (0,0,1) \quad \text{—1970年代出生} \\ (z_1, z_2, z_3) &= (0,0,0) \quad \text{—1980年代出生} \end{cases} \quad (6.3)$$

すると回帰式は，

$$y = \beta_0 + \beta_1 x_1 + \cdots + \beta_p x_p + \beta_{p+1} z_1 + \beta_{p+2} z_2 + \beta_{p+3} z_3 + \varepsilon_i \quad (6.4)$$

z_j 変数の偏回帰係数を解釈すれば，年収に対する各年代のコウホート効果がある程度評価できる．

この**ダミー変数**というテクニックは，変数間の交互作用を分析したりする際にも応用され，その他の分析手法でも応用される便利なものである．しかし，筆者はこのダミー変数を多用するのは，統計学的には少し問題があると感じる．それは多次元正規分布の仮定が揺らぐのではないかという危惧を感じるからである．

練習問題—回帰モデル探索例

50頁の重回帰式 (5.21) は，$R^2 = .244$ であり，十分な当てはまりとはいえない．より当てはまりの良いモデルを探索しなさい．

変数を除去する

本人の資産は $t = -.137$ で標準偏回帰係数 $\hat{\beta}' = -.028$ であるから，方程式から除去する．多くの人びとは，収入を元にして資産形成するので独立変数として考えることには無理があったようである．R^2 は低下するが，自由度調整済み寄与率 R^{2*} は .221 から .225 へ上昇する．

変数を追加する

これではまだ当てはまりが悪いので,本人の従業先ダミー変数を追加する. $R^2 = .650, R^{2*} = .635$ となる.

回帰平方和がかなり大きくなった.親の年収と親の資産は除去できるかもしれないが,標準偏回帰係数 $\hat{\beta}'_j$ がある程度大きいので取り除いていない.親の年収や資産も現時点のものではなく,本人の大学入学時のものとかを用いることができれば,よりよい回帰式となることが予想される.

おわりに

　多変量解析に対して筆者は批判的なことをたくさん述べた．しかし，筆者は分散分析や重回帰分析が無用の長物であるといいたい訳ではない．筆者の主張は，社会科学における帰無仮説の立てられ方と，標本数の問題から，仮説を検証するという目的で，多変量解析を用いるのは適切ではないということなのである．

　社会調査論において標準的なテキストは，「仮説構成→データ収集→仮説検証」というプロセスを説き，仮説検証において統計的な分析を用いればよいというように書かれている．筆者も，日々の講義を思い起こすと，なんとなくそういう講義内容になっている．しかし，社会調査によって収集されたデータを統計分析しても，多くの場合，決定的な検証にはならない．一回程度，仮説と合致するような統計分析の結果がでたとしても，それで安心してはならない．

　では，多変量解析をどのように用いるべきであろうか．筆者は仮説構成のためにこそむしろ用いるべきなのだと思う．対象とする問題において，変数群にはどのような関係があり得るのか．先行研究に関する探索的データ解析を丹念に試みるべきであろう．そして仮説が検証できるような，データ構成を工夫すべきである．検証は，簡単な統計ツールで行うのが理想である．マーケティングで多変量解析を用いる際にも，どんな可能性があり得るかを探索するという視点でこそ，その真の力を発揮し得るのではないかと思われる．

　2008 年 2 月

池　周一郎

〈参考文献〉

ハートウィグ, F・デアリング, B.E., 1981『探索的データ解析の方法』volume 4 of 人間科学の統計学, 朝倉書店

ヘンケル, R.E., 1982『統計的検定──統計学の基礎──』(松原 望・野上 佳子 訳) volume 6 of 人間科学の統計学, 朝倉書店

久米 均・飯塚 悦功, 1987『回帰分析』volume 2 of シリーズ入門統計的方法, 岩波書店

高橋 行雄・大橋 靖雄・芳賀 敏郎, 1989『SAS による実験データ解析の解析』volume 5 of SAS で学ぶ統計的データ解析, 東京大学出版会

市川 伸一・大橋 靖雄, 1993『SAS によるデータ解析入門』volume 1 of SAS で学ぶ統計的データ解析, 東京大学出版会, 2 edition

芳賀 敏郎・野澤 昌弘・岸本 淳司, 1996『SAS による回帰分析』volume 6 of SAS で学ぶ統計的データ解析, 東京大学出版会

早稲田社会学ブックレット出版企画について

　社会主義思想を背景に社会再組織化を目指す学問の場として1903年に結成された早稲田社会学会は，戦時統制下で衰退を余儀なくされる．戦後日本の復興期に新たに自由な気風のもとで「早大社会学会」が設立され，戦後日本社会学の発展に貢献すべく希望をもってその活動を開始した．爾来，同学会は，戦後の急激な社会変動を経験するなかで，地道な実証研究，社会学理論研究の両面において，早稲田大学をはじめ多くの大学で活躍する社会学者を多数輩出してきた．1990年に，門戸を広げるべく，改めて「早稲田社会学会」という名称のもとに再組織されるが，その歴史は戦後に限定しても悠に半世紀を超える．

　新世紀に入りほぼ10年を迎えようとする今日，社会の液状化，個人化，グローバリゼーションなど，社会の存立条件や社会学それ自体の枠組みについての根底からの問い直しを迫る事態が生じている一方，地道なデータ収集と分析に基づきつつ豊かな社会学的想像力を必要とする理論化作業，社会問題へのより実践的なかかわりへの要請も強まっている．

　早稲田社会学ブックレットは，意欲的な取り組みを続ける早稲田社会学会の会員が中心となり，以上のような今日の社会学の現状と背景を見据え，「社会学のポテンシャル」「現代社会学のトピックス」「社会調査のリテラシー」の3つを柱として，今日の社会学についての斬新な観点を提示しつつ，社会学的なものの見方と研究方法，今後の課題などについて実践的な視点からわかりやすく解説することを目指すシリーズとして企画された．多くの大学生，行政，一般の人びとに広く読んでいただけるものとなることを念じている．

2008年2月10日

早稲田社会学ブックレット編集委員会

池 周一郎（いけしゅういちろう）1961年新潟生まれ．現職：帝京大学文学部社会学科准教授

早稲田大学第一文学部卒業，同大大学院文学研究科博士課程単位取得

専攻：数理社会学，人口学，社会心理学

主な著書

『危機と再生の社会理論』（共著）マルジュ社，1993／『市民社会と批判的公共性』（共著）文眞堂，2003／『SASプログラミングの基礎(改訂版)』（共著）ハーベスト社，2004，など